中国水资源公报

2020

中华人民共和国水利部　编

中国水利水电出版社
www.waterpub.com.cn
·北京·

图书在版编目（CIP）数据

中国水资源公报. 2020 / 中华人民共和国水利部编
. -- 北京 : 中国水利水电出版社，2021.7
ISBN 978-7-5170-9784-6

Ⅰ. ①中… Ⅱ. ①中… Ⅲ. ①水资源－公报－中国－
2020 Ⅳ. ①TV211

中国版本图书馆CIP数据核字(2021)第149250号

审图号：GS (2021) 4868 号

书　　　名	中国水资源公报 2020 ZHONGGUO SHUIZIYUAN GONGBAO 2020
作　　　者	中华人民共和国水利部 编
出 版 发 行	中国水利水电出版社 （北京市海淀区玉渊潭南路 1 号 D 座　100038） 网址：www.waterpub.com.cn E-mail：sales@waterpub.com.cn 电话：（010）68367658（营销中心）
经　　　售	北京科水图书销售中心（零售） 电话：（010）88383994、63202643、68545874 全国各地新华书店和相关出版物销售网点
排　　　版	中国水利水电出版社装帧出版部
印　　　刷	北京博图彩色印刷有限公司
规　　　格	210mm×285mm　16 开本　2.25 印张　50 千字
版　　　次	2021 年 7 月第 1 版　2021 年 7 月第 1 次印刷
定　　　价	48.00 元

编写说明

1.《中国水资源公报2020》（以下简称《公报》）中涉及的全国性数据是现有设施监测统计分析结果，均未包括香港特别行政区、澳门特别行政区和台湾省的相关数据。

2.《公报》中多年平均值统一采用1956—2000年水文系列平均值。

3.《公报》部分数据合计数由于单位取舍不同而产生的计算误差，未作调整。

4.《公报》中涉及的定义如下：

（1）**地表水资源量**：指河流、湖泊、冰川等地表水体逐年更新的动态水量，即当地天然河川径流量。

（2）**地下水资源量**：指地下饱和含水层逐年更新的动态水量，即降水和地表水入渗对地下水的补给量。

（3）**水资源总量**：指当地降水形成的地表和地下产水总量，即地表产流量与降水入渗补给地下水量之和。

（4）**供水量**：指各种水源提供的包括输水损失在内的水量之和，分地表水源、地下水源和其他水源。地表水源供水量指地表水工程的取水量，按蓄水工程、引水工程、提水工程、调水工程四种形式统计；地下水源供水量指水井工程的开采量，按浅层淡水、深层承压水和微咸水分别统计；其他水源供水量包括再生水厂、集雨工程、海水淡化设施供水量及矿坑水利用量。直接利用的海水另行统计，不计入供水量中。

（5）**用水量**：指各类河道外用水户取用的包括输水损失在内的毛水量之和，按生活用水、工业用水、农业用水和人工生态环境补水四大类用户统计，不包括海水直接利用量以及水力发电、航运等河道内用水量。生活用水，包括城镇生活用水和农村生活用水，其中，城镇生活用水由城镇居民生活用水和公共用水（含第三产业及建筑业等用水）组成；农村生活用水指农村居民生活用水。工业用水，指工矿企业在生产过程中用于制造、加工、冷却、空调、净化、洗涤等方面的用水，按新水取用量计，不包括企业内部的重复利用水量。农业用水，包括耕地和林地、园地、牧草地灌溉，鱼塘补水及牲畜用水。人工生态环境补水仅包括人为措施供给的城镇环境用水和部分河湖、湿地补水，而不包括降水、径流自然满足的水量。

（6）**耗水量**：指在输水、用水过程中，通过蒸腾蒸发、土壤吸收、产品吸附、居民和牲畜饮用等多种途径消耗掉，而不能回归到地表水体和地下含水层的水量。

（7）**耗水率**：指用水消耗量占用水量的百分比。

5.《公报》由中华人民共和国水利部组织编制，参加编制的单位包括各流域管理机构、各省、自治区、直辖市水利（水务）厅（局），中国水利水电科学研究院，水利部水利水电规划设计总院，中国灌溉排水发展中心，南京水利科学研究院以及水利部信息中心（水利部水文水资源监测预报中心）。

目 录

contents

一、概述

2020年，全国降水量和水资源总量比多年平均值明显偏多，大中型水库和湖泊蓄水总体稳定。全国用水总量比2019年有所减少，用水效率进一步提升，用水结构不断优化。

2020年，全国平均年降水量为706.5mm，比多年平均值偏多10.0%，比2019年增加8.5%。

全国水资源总量为31605.2亿m³，比多年平均值偏多14.0%。其中，地表水资源量为30407.0亿m³，地下水资源量为8553.5亿m³，地下水资源与地表水资源不重复量为1198.2亿m³。

全国705座大型水库和3729座中型水库年末蓄水总量比年初增加237.5亿m³。62个湖泊年末蓄水总量比年初增加47.5亿m³。东北平原、黄淮海平原和长江中下游平原浅层地下水水位总体上升，山西及西北地区平原和盆地略有下降。

全国供水总量和用水总量均为5812.9亿m³，受新冠疫情、降水偏丰等因素影响，较2019年减少208.3亿m³。其中，地表水源供水量为4792.3亿m³，地下水源供水量为892.5亿m³，其他水源供水量为128.1亿m³；生活用水量为863.1亿m³，工业用水量为1030.4亿m³，农业用水量为3612.4亿m³，人工生态环境补水量为307.0亿m³。全国耗水总量为3141.7亿m³。

全国人均综合用水量为412m³，万元国内生产总值（当年价）用水量为57.2m³。耕地实际灌溉亩均用水量为356m³，农田灌溉水有效利用系数为0.565，万元工业增加值（当年价）用水量为32.9m³，城镇人均生活用水量（含公共用水）为207L/d，农村居民人均生活用水量为100L/d。按可比价计算，万元国内生产总值用水量和万元工业增加值用水量分别比2019年下降5.6%和17.4%。

二、水资源量

（一）降水量

2020 年，全国平均年降水量❶为 706.5mm，比多年平均值偏多 10.0%，比 2019 年增加 8.5%。2020 年全国年降水量等值线见图 1，2020 年全国年降水量距平❷见图 2。1956—2020 年全国年降水量变化见图 3。

从水资源分区看，10 个水资源一级区中有 7 个水资源一级区降水量比多年平均值偏多，其中松花江区、淮河区分别偏多 28.8% 和 26.5%；3 个水资源一级区降水量偏少，其中东南诸河区比多年平均值偏少 4.8%。与 2019 年比较，7 个水资源一级区降水量增加，其中淮河区、海河区、长江区分别增加 73.9%、23.0% 和 21.0%；3 个水资源一级区降水量减少，其中东南诸河区、西北诸河区分别减少 14.2%、12.9%。2020 年各水资源一级区降水量与 2019 年和多年平均值比较见表 1。

从行政分区看，24 个省（自治区、直辖市）降水量比多年平均值偏多，其中上海、安徽、湖北、黑龙江 4 个省（直辖市）分别偏多 30% 以上；7 个省（自治区、直辖市）比多年平均值偏少，其中福建、广东 2 个省分别偏少 10% 以上。2020 年各省级行政区降水量与 2019 年和多年平均值比较见表 2。

---

❶ 2020 年全国平均年降水量是依据约 18000 个雨量站观测资料分析计算的。
❷ 年降水量距平是指当年降水量与多年平均值的差（%）。

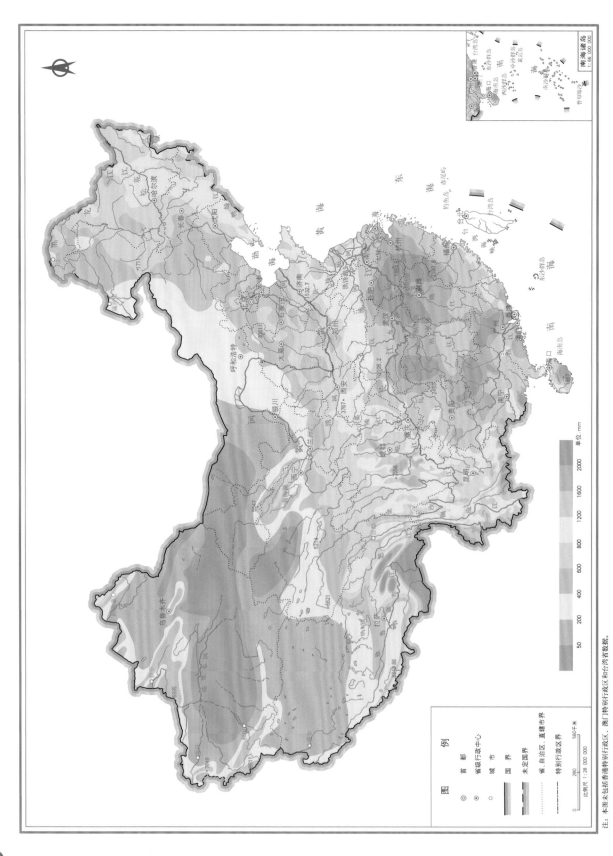

图 1 2020 年全国年降水量等值线图（单位：mm）

注：本图未包括香港特别行政区、澳门特别行政区和台湾省数据。

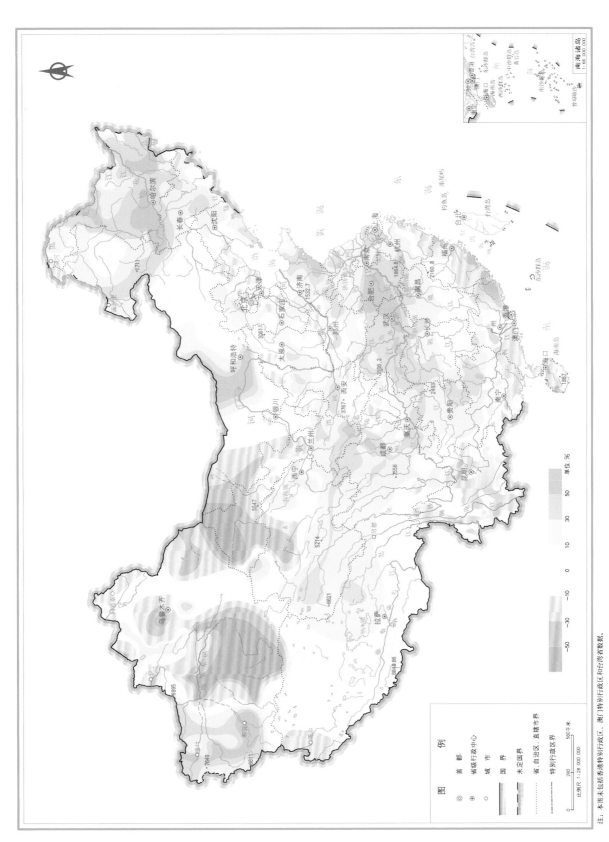

图2 2020年全国年降水量距平图（％）

注：本图未包括香港特别行政区、澳门特别行政区和台湾省数据。

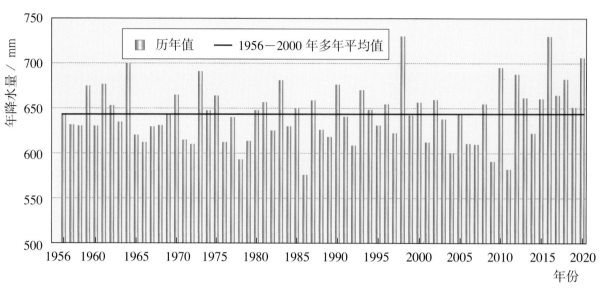

图3　1956—2020年全国年降水量变化图

表1　2020年各水资源一级区降水量与2019年和多年平均值比较

水资源 一级区	降水量 / mm	与2019年比较 / %	与多年平均值比较 / %
全　　国	706.5	8.5	10.0
北方6区	373.1	7.8	13.8
南方4区	1297.0	8.8	8.1
松花江区	649.4	7.6	28.8
辽 河 区	589.4	5.6	8.1
海 河 区	552.4	23.0	3.3
黄 河 区	507.3	2.1	13.8
淮 河 区	1060.9	73.9	26.5
长 江 区	1282.0	21.0	18.0
其中：太湖流域	1543.4	22.3	30.2
东南诸河区	1582.3	−14.2	−4.8
珠 江 区	1540.5	−5.3	−0.5
西南诸河区	1091.9	7.7	0.5
西北诸河区	159.6	−12.9	−0.8

注　1.北方6区指松花江区、辽河区、海河区、黄河区、淮河区、西北诸河区。

　　2.南方4区指长江区（含太湖流域）、东南诸河区、珠江区、西南诸河区。

　　3.西北诸河区计算面积占北方6区的55.5%，长江区计算面积占南方4区的
　　52.2%。

表 2　2020 年各省级行政区降水量与 2019 年和多年平均值比较

省级 行政区	降水量 / mm	与 2019 年比较 / %	与多年平均值比较 / %
全　国	706.5	8.5	10.0
北　京	560.0	10.7	− 4.1
天　津	534.4	22.5	− 7.0
河　北	546.7	23.5	2.8
山　西	561.3	22.5	10.3
内蒙古	311.2	11.3	10.3
辽　宁	748.0	8.8	10.3
吉　林	769.1	13.2	26.3
黑龙江	723.1	− 0.7	35.6
上　海	1554.6	11.9	42.7
江　苏	1236.0	54.8	24.3
浙　江	1701.0	− 12.8	6.0
安　徽	1665.6	78.0	42.0
福　建	1439.1	− 16.9	− 14.2
江　西	1853.1	8.4	13.1
山　东	838.1	49.9	23.3
河　南	874.3	65.2	13.4
湖　北	1642.6	83.8	39.2
湖　南	1726.8	15.2	19.1
广　东	1574.1	− 21.0	− 11.1
广　西	1669.4	4.2	8.6
海　南	1641.1	2.9	− 6.2
重　庆	1435.6	29.7	21.2
四　川	1055.0	10.7	7.8
贵　州	1417.4	13.7	20.3
云　南	1157.2	14.8	− 9.5
西　藏	600.6	0.7	5.1
陕　西	690.5	− 9.1	5.2
甘　肃	334.4	− 7.6	11.0
青　海	367.1	− 1.8	26.4
宁　夏	309.7	− 10.4	7.3
新　疆	141.7	− 18.9	− 8.4

（二）地表水资源量

2020 年，全国地表水资源量为 30407.0 亿 m³，折合年径流深为 321.1mm，比多年平均值偏多 13.9%，比 2019 年增加 8.6%。

从水资源分区看，10 个水资源一级区中有 6 个水资源一级区地表水资源量比多年平均值偏多，其中淮河区、松花江区分别偏多 54.0% 和 51.1%；4 个水资源一级区地表水资源量比多年平均值偏少，其中海河区、东南诸河区分别偏少 43.8% 和 16.2%。与 2019 年比较，7 个水资源一级区地表水资源量增加，其中淮河区、辽河区分别增加 217.7% 和 53.8%；3 个水资源一级区地表水资源量减少，其中东南诸河区减少 32.7%。2020 年各水资源一级区地表水资源量与 2019 年和多年平均值比较见表 3。

表 3　2020 年各水资源一级区地表水资源量与 2019 年和多年平均值比较

水资源 一级区	地表水资源量 / 亿 m³	与 2019 年比较 / %	与多年平均值比较 / %
全　　国	30407.0	8.6	13.9
北方 6 区	5594.0	18.7	27.8
南方 4 区	24813.0	6.6	11.1
松花江区	1950.5	0.8	51.1
辽 河 区	470.3	53.8	15.3
海 河 区	121.5	16.2	− 43.8
黄 河 区	796.2	15.4	30.2
淮 河 区	1042.5	217.7	54.0
长 江 区	12741.7	22.2	29.3
其中：太湖流域	292.3	43.1	82.5
东南诸河区	1665.1	− 32.7	− 16.2
珠 江 区	4655.2	− 8.1	− 1.1
西南诸河区	5751.1	8.3	− 0.4
西北诸河区	1213.1	− 10.1	3.5

从行政分区看，18 个省（自治区、直辖市）地表水资源量比多年平均值偏多，其中上海偏多 104.9%，江苏、安徽、黑龙江、湖北 4 个省分别偏多 70% 以上；13 个省（自治区、直辖市）偏少，其中河北、北京 2 个省（直辖市）分别偏少 50% 以上。2020 年各省级行政区地表水资源量与多年平均值比较见图 4。

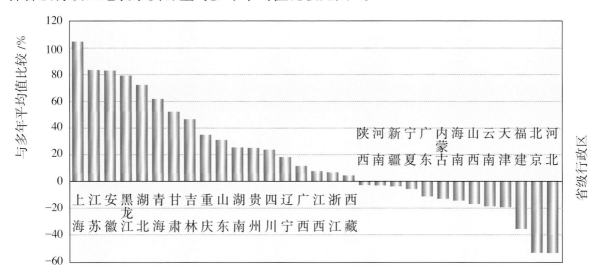

图 4　2020 年各省级行政区地表水资源量与多年平均值比较图

从中国流出国境的水量为 5744.7 亿 m³，流入界河的水量为 1876.9 亿 m³，国境外流入中国境内的水量为 185.1 亿 m³。

全国入海水量为 19071.0 亿 m³，其中，辽河区入海水量 174.7 亿 m³，海河区 32.0 亿 m³，黄河区 359.6 亿 m³，淮河区 864.2 亿 m³，长江区 11810.0 亿 m³，东南诸河区 1504.3 亿 m³，珠江区 4326.2 亿 m³。与 2019 年相比，入海水量增加 1535.1 亿 m³，除东南诸河区、珠江区、海河区入海水量分别减少 803.4 亿 m³、564.2 亿 m³、5.0 亿 m³外，其他水资源一级区均有不同程度的增加，其中长江区、淮河区入海水量分别增加 2237.0 亿 m³ 和 545.2 亿 m³。

（三）地下水资源量

2020 年，全国地下水资源量（矿化度 ≤ 2g/L）8553.5 亿 m³，比多年平均值偏多 6.1%。其中，平原区地下水资源量为 2022.4 亿 m³，山丘区地下水资源量为 6836.1 亿 m³，平原区与山丘区之间的重复计算量为 305.0 亿 m³。

全国平原浅层地下水总补给量为 2093.2 亿 m³。南方 4 区平原浅层地下水计算面积占全国平原区面积的 9%，地下水总补给量为 385.8 亿 m³；北方 6 区计算面积占 91%，地下水总补给量为 1707.4 亿 m³。其中，松花江区 401.6 亿 m³，辽河区 129.1 亿 m³，海河区 185.7 亿 m³，黄河区 166.5 亿 m³，淮河区 341.4 亿 m³，西北诸河区 483.1 亿 m³。

（四）水资源总量

2020 年，全国水资源总量为 31605.2 亿 m³，比多年平均值偏多 14.0%，比 2019 年增加 8.8%。其中，地表水资源量为 30407.0 亿 m³，地下水资源量为 8553.5 亿 m³，地下水与地表水资源不重复量为 1198.2 亿 m³。全国水资源总量占降水总量 47.2%，平均单位面积产水量为 33.4 万 m³/km²。2020 年各水资源一级区水资源总量见表 4，与多年平均值比较见图 5。2020 年各省级行政区水资源总量见表 5，与多年平均值比较见图 6。

表 4　2020 年各水资源一级区水资源量

水资源 一级区	降水量 / mm	地表水 资源量 / 亿 m³	地下水 资源量 / 亿 m³	地下水与地表水 资源不重复量 / 亿 m³	水资源 总量 / 亿 m³
全　国	706.5	30407.0	8553.5	1198.2	31605.2
北方 6 区	373.1	5594.0	2820.1	1051.0	6645.0
南方 4 区	1297.0	24813.0	5733.4	147.2	24960.2
松花江区	649.4	1950.5	647.3	302.6	2253.1
辽 河 区	589.4	470.3	200.0	94.7	565.0
海 河 区	552.4	121.5	238.5	161.6	283.1
黄 河 区	507.3	796.2	451.6	121.2	917.4
淮 河 区	1060.9	1042.5	463.1	261.2	1303.6
长 江 区	1282.0	12741.7	2823.0	121.2	12862.9
其中：太湖流域	1543.4	292.3	54.5	20.8	313.1
东南诸河区	1582.3	1665.1	429.4	12.1	1677.3
珠 江 区	1540.5	4655.2	1068.7	13.8	4669.0
西南诸河区	1091.9	5751.1	1412.4	0.0	5751.1
西北诸河区	159.6	1213.1	819.6	109.7	1322.8

注　地下水资源量包括当地降水和地表水及外调水入渗对地下水的补给量。

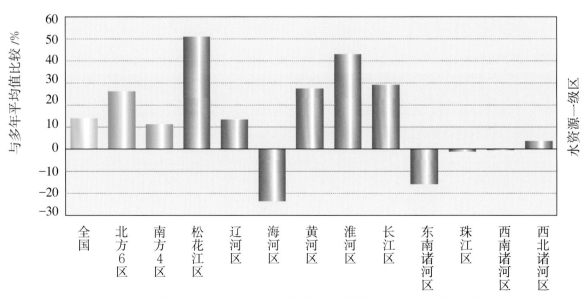

图 5　2020 年各水资源一级区水资源总量与多年平均值比较图

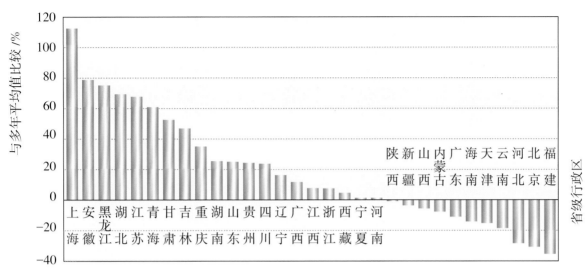

图 6　2020 年各省级行政区水资源总量与多年平均值比较图

1956—2020 年全国水资源总量变化过程见图 7。与多年平均值比较，全国各年代水资源总量变化不大，1990—1999 年偏多 3.9%，2000—2009 年偏少 3.9%，2010 年以来偏多 3.7%。南方 4 区 1990—1999 年偏多 4.8%，2000—2009 年偏少 3.2%，2010 年以来偏多 3.2%；北方 6 区 1990—1999 年接近多年平均值，2000—2009 年偏少 6.9%，2010 年以来则偏多 5.8%。

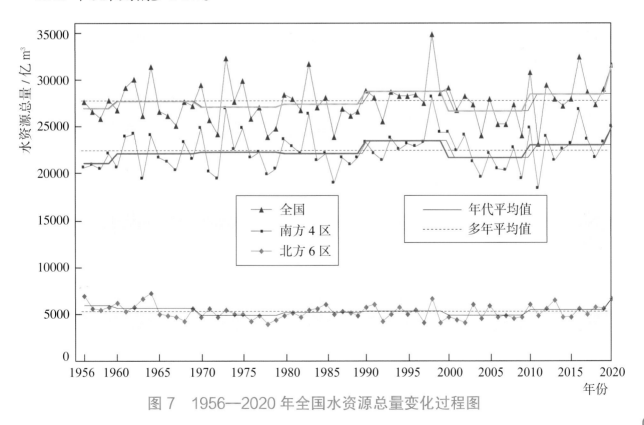

图 7　1956—2020 年全国水资源总量变化过程图

表5 2020年各省级行政区水资源量

省级行政区	降水量/mm	地表水资源量/亿 m³	地下水资源量/亿 m³	地下水与地表水资源不重复量/亿 m³	水资源总量/亿 m³
全 国	706.5	30407.0	8553.5	1198.2	31605.2
北 京	560.0	8.2	22.3	17.5	25.8
天 津	534.4	8.6	5.8	4.7	13.3
河 北	546.7	55.7	130.3	90.6	146.3
山 西	561.3	72.2	85.9	42.9	115.2
内蒙古	311.2	354.2	243.9	149.7	503.9
辽 宁	748.0	357.7	115.2	39.4	397.1
吉 林	769.1	504.8	169.4	81.4	586.2
黑龙江	723.1	1221.5	406.5	198.5	1419.9
上 海	1554.6	49.9	11.6	8.7	58.6
江 苏	1236.0	486.6	137.8	56.8	543.4
浙 江	1701.0	1008.8	224.4	17.8	1026.6
安 徽	1665.6	1193.7	228.6	86.7	1280.4
福 建	1439.1	759.0	243.5	1.3	760.3
江 西	1853.1	1666.7	386.0	18.8	1685.6
山 东	838.1	259.8	201.8	115.5	375.3
河 南	874.3	294.8	185.8	113.7	408.6
湖 北	1642.6	1735.0	381.6	19.7	1754.7
湖 南	1726.8	2111.2	466.1	7.6	2118.9
广 东	1574.1	1616.3	399.1	9.7	1626.0
广 西	1669.4	2113.7	445.4	1.1	2114.8
海 南	1641.1	260.6	74.6	3.0	263.6
重 庆	1435.6	766.9	128.7	0.0	766.9
四 川	1055.0	3236.2	649.1	1.1	3237.3
贵 州	1417.4	1328.6	281.0	0.0	1328.6
云 南	1157.2	1799.2	619.0	0.0	1799.2
西 藏	600.6	4597.3	1045.7	0.0	4597.3
陕 西	690.5	385.6	146.7	34.0	419.6
甘 肃	334.4	396.0	158.2	12.0	408.0
青 海	367.1	989.5	437.3	22.4	1011.9
宁 夏	309.7	9.0	17.8	2.1	11.0
新 疆	141.7	759.6	503.5	41.4	801.0

注 地下水资源量包括当地降水和地表水及外调水入渗对地下水的补给量。

三、蓄水动态

（一）大中型水库蓄水动态

2020 年，根据全国 705 座大型水库和 3729 座中型水库的数据统计，水库年末蓄水总量为 4358.7 亿 m³，比年初蓄水总量增加 237.5 亿 m³。其中，大型水库年末蓄水量为 3887.9 亿 m³，比年初增加 190.6 亿 m³；中型水库年末蓄水量为 470.8 亿 m³，比年初增加 46.9 亿 m³。

从水资源分区看，东南诸河区、西北诸河区和海河区 3 个水资源一级区水库年末蓄水量分别减少 16.0 亿 m³、5.3 亿 m³ 和 1.9 亿 m³；其他 7 个水资源一级区均有不同程度的增加，其中长江区、淮河区、珠江区分别增加 104.1 亿 m³、58.1 亿 m³ 和 41.7 亿 m³。2020 年各水资源一级区大中型水库年蓄水变量见图 8。

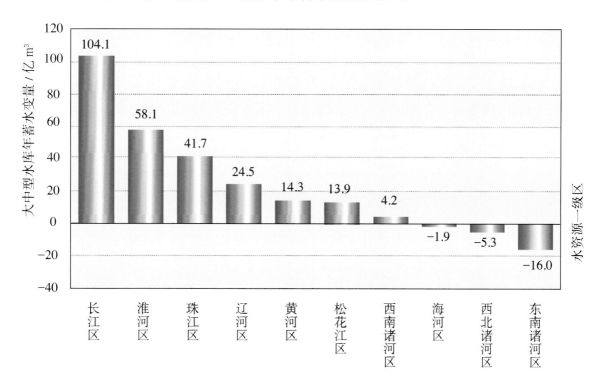

图 8　2020 年各水资源一级区大中型水库年蓄水变量图

从行政分区看，广西、安徽、湖北、湖南、河南等22个省（自治区、直辖市）的水库蓄水量增加，共增加蓄水量313.9亿 m³；广东、四川、浙江、福建等8个省（自治区、直辖市）的水库蓄水量减少，共减少蓄水量76.4亿 m³。2020年各省级行政区大中型水库年蓄水变量见图9。

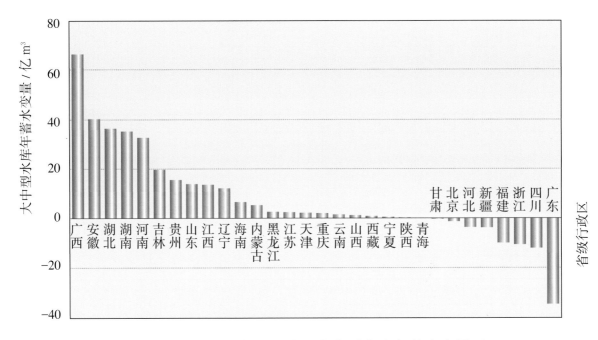

图9　2020年各省级行政区大中型水库年蓄水变量图

（二）湖泊蓄水动态

2020年，根据有监测的62个湖泊的数据统计，湖泊年末蓄水总量为1423.6亿 m³，比年初蓄水总量增加47.5亿 m³。其中，洪泽湖、青海湖蓄水量分别增加16.8亿 m³、14.3亿 m³；太湖蓄水量减少3.7亿 m³。其中，水面面积200km² 以上有监测湖泊的蓄水量见表6。

表6 2020年水面面积200km²以上有监测湖泊的蓄水量

湖 泊	省级行政区	蓄水量 / 亿 m³		
		年初	年末	蓄水变量
查干湖	吉林	6.1	9.0	2.9
太 湖	江苏、浙江	47.7	44.0	−3.7
洪泽湖	江苏	13.8	30.6	16.8
高邮湖	江苏	5.6	9.8	4.1
骆马湖	江苏	5.4	8.5	3.1
巢 湖	安徽	27.6	26.1	−1.5
华阳河湖泊群	安徽	10.1	10.2	0.1
鄱阳湖	江西	8.8	9.5	0.8
南四湖上级湖	山东、江苏	5.4	10.1	4.8
南四湖下级湖		4.7	5.8	1.1
洪湖	湖北	5.1	5.4	0.3
梁子湖	湖北	8.0	8.4	0.4
洞庭湖	湖南	6.3	6.6	0.3
滇 池	云南	14.9	14.6	−0.3
洱 海	云南	27.0	28.1	1.2
抚仙湖	云南	202.0	201.8	−0.2
青海湖（咸水湖）	青海	881.7	896.0	14.3

（三）地下水动态

地下水动态使用了国家地下水监测工程中的14410个地下水监测站监测数据进行评价，监测面积约为350万km²，覆盖我国31个省（自治区、直辖市）主要平原区、盆地和岩溶山区。

1. 浅层地下水

2020年，东北平原、黄淮海平原和长江中下游平原浅层地下水水位总体上升，山西及西北地区平原和盆地略有下降。

东北平原：三江平原地下水平均埋深7.8m，穆棱兴凯平原地下水平均埋深4.9m，松嫩平原地下水平均埋深7.5m，辽河平原地下水平均埋深5.1m。与2019年年末相比，三江平原、辽河平原地下水水位基本持平；松嫩平原地下水水位上升0.2m，穆棱兴凯平原上升0.3m。

黄淮海平原：海河平原地下水平均埋深 14.0m，黄淮平原地下水平均埋深 4.9m。与 2019 年年末相比，海河平原地下水水位上升 0.1m，黄淮平原上升 0.6m。

山西及西北地区平原和盆地：山西主要盆地地下水平均埋深 20.0m，呼包平原 11.8m，河套平原 7.1m，关中平原 36.8m，河西走廊 28.2m，银川卫宁 6.4m，柴达木盆地 11.7m，塔里木盆地 12.8m，准噶尔盆地监控区 27.8m。与 2019 年年末相比，呼包平原地下水水位下降 0.9m，关中平原下降 0.5m，河西走廊平原下降 0.5m，银川卫宁平原下降 0.4m，塔里木盆地监控区下降 0.9m；山西主要盆地地下水水位上升 0.1m，河套平原上升 0.3m，柴达木盆地上升 0.4m，准噶尔盆地监控区上升 0.1m。

长江中下游平原：江汉平原地下水平均埋深 4.5m。鄱阳湖平原地下水平均埋深 4.9m，长江三角洲平原地下水平均埋深 2.3m。浙东沿海一般平原地下水平均埋深 1.6m。与 2019 年年末相比，长江三角洲平原地下水水位上升 0.1m，江汉平原上升 0.9m，鄱阳湖平原区上升 0.5m；浙东沿海一般平原地下水水位基本持平。

2. 深层承压水

在全国 22 个省（自治区、直辖市）选取深层承压水地下水水位监测站点 3362 个，与 2019 年年末相比，水位变幅介于（含）±0.5m 的站点共有 1089 个，占比 32.4%；水位下降超过 2m 的站点共有 291 个，占比 8.7%；水位上升超过 2m 的站点共有 727 个，占比 21.6%。在深层承压水监测站点超过 20 个的省级行政区中，水位下降超过 0.5m 站点比例较大的有新疆、河南和云南 3 个省（自治区），水位上升超过 0.5m 站点比例较大的有天津、辽宁和江苏 3 个省（直辖市）。

四、水资源开发利用

（一）供水量

2020 年，全国供水总量为 5812.9 亿 m³，占当年水资源总量的 18.4%。其中，地表水源供水量为 4792.3 亿 m³，占供水总量的 82.4%；地下水源供水量为 892.5 亿 m³，占供水总量的 15.4%；其他水源供水量为 128.1 亿 m³，占供水总量的 2.2%。与 2019 年相比，供水总量减少 208.3 亿 m³，其中，地表水源供水量减少 190.2 亿 m³，地下水源供水量减少 41.8 亿 m³，其他水源供水量增加 23.7 亿 m³。

地表水源供水量中，蓄水工程供水量占 32.9%，引水工程供水量占 31.3%，提水工程供水量占 31.0%，水资源一级区间调水量占 4.8%。全国跨水资源一级区调水主要是在黄河下游向其左、右两侧的海河区和淮河区调水，以及长江中下游向淮河区、黄河区和海河区的调水。2020 年水资源一级区之间跨流域调水量见表 7。

表 7　2020 年水资源一级区之间跨流域调水量　　　　　单位：亿 m³

调出区	调入区						调出水量合计
	海河区	黄河区	淮河区	长江区	珠江区	西北诸河区	
海河区		0.13					0.13
黄河区	56.14		45.26			2.69	104.09
淮河区				6.17			6.17
长江区	53.49	0.40	57.53		0.48		111.90
东南诸河区				4.87			4.87
珠江区				0.27			0.27
西南诸河区				0.70	0.14		0.84
调入水量合计	109.63	0.53	102.79	11.99	0.62	2.69	228.26

地下水源供水量中，浅层地下水占 95.7%，深层承压水占 3.9%，微咸水占 0.4%。

其他水源供水量中，再生水、集雨工程利用量分别占 85.0%、6.2%。

2020 年各水资源一级区供水量见表 8，供水量组成见图 10。2020 年各省级行政区供水量见表 9，供水量组成见图 11。

（二）用水量

2020 年，全国用水总量为 5812.9 亿 m³。其中，生活用水量为 863.1 亿 m³，占用水总量的 14.9%；工业用水量为 1030.4 亿 m³（其中火核电直流冷却水 470.3 亿 m³），占用水总量的 17.7%；农业用水量为 3612.4 亿 m³，占用水总量的 62.1%；人工生态环境补水量为 307.0 亿 m³，占用水总量的 5.3%。

图 10　2020 年各水资源一级区供水量组成图

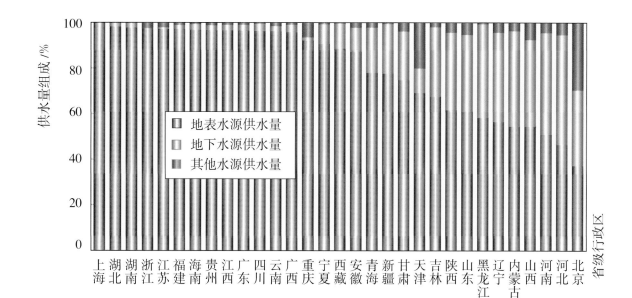

图 11　2020 年各省级行政区供水量组成图

与 2019 年相比,受新冠疫情、降水偏丰等因素影响,用水总量减少 208.3 亿 m³,其中,工业用水减少 187.2 亿 m³,农业用水减少 69.9 亿 m³,生活用水减少 8.6 亿 m³,人工生态环境补水增加 57.4 亿 m³。

2020 年各水资源一级区用水量见表 8。2020 年各省级行政区用水量及用水量组成见表 9 和图 12。

1997 年以来全国用水总量总体呈缓慢上升趋势,2013 年后基本持平。其中生活用水呈持续增加态势,工业用水从总体增加转为逐渐趋稳,近年来略有下降;农业用水受气候和实际灌溉面积的影响上下波动。生活用水占用水总量的比例逐渐增加,农业用水和工业用水量占用水总量的比例则有所减少。1997—2020 年全国用水量变化见图 13。

按居民生活用水、生产用水、人工生态环境补水划分,2020 年全国城镇和农村居民生活用水占用水总量的 10.7%,生产用水占 84.0%,人工生态环境补水占 5.3%。在生产用水中,第一产业用水占用水总量的 62.2%,第二产业用水占 17.7%,第三产业用水占 4.1%。

表 8 2020 年各水资源一级区供水量和用水量　　　　　单位：亿 m³

水资源一级区	供水量				用水量					
	地表水	地下水	其他	供水总量	生活	工业	其中：直流火（核）电	农业	人工生态环境补水	用水总量
全　　国	4792.3	892.5	128.1	5812.9	863.1	1030.4	470.3	3612.4	307.0	5812.9
北方 6 区	1771.9	820.5	88.9	2681.3	293.4	228.2	18.6	1928.0	231.7	2681.3
南方 4 区	3020.4	72.0	39.2	3131.6	569.7	802.2	451.7	1684.4	75.3	3131.6
松花江区	276.1	168.1	4.9	449.1	27.8	28.5	10.8	372.7	20.1	449.1
辽 河 区	88.8	95.2	7.0	191.0	30.5	19.9	0.3	128.7	11.9	191.0
海 河 区	192.5	147.8	31.7	372.0	65.8	41.3	0.2	199.5	65.4	372.0
黄 河 区	263.7	110.5	18.5	392.7	53.3	46.3	0.02	262.6	30.4	392.7
淮 河 区	438.2	141.2	21.5	600.8	94.4	76.2	6.9	391.5	38.8	600.8
长 江 区	1891.0	40.3	26.3	1957.6	330.2	599.8	386.3	981.8	45.7	1957.6
其中：太湖流域	325.4	0.1	8.0	333.5	59.5	198.0	161.7	72.6	3.5	333.5
东南诸河区	287.2	3.6	4.3	295.1	67.1	67.7	13.5	145.3	15.0	295.1
珠 江 区	741.4	23.9	7.6	772.9	160.3	127.7	51.9	472.3	12.6	772.9
西南诸河区	100.8	4.2	1.0	106.1	12.1	7.0		84.9	2.0	106.1
西北诸河区	512.5	157.8	5.3	675.7	21.5	16.1	0.4	573.0	65.1	675.7

注　人工生态环境补水包括：向京津冀地区 14 条河流、7 个湖泊累计实施生态补水 36.54 亿 m³；新疆塔里木河向大西海子以下河道输送生态水、向塔里木河沿线胡杨林生态供水、阿勒泰地区向乌伦古湖及科克苏湿地补水 27.23 亿 m³；内蒙古黑河生态补水 8.99 亿 m³。

表9 2020年各省级行政区供水量和用水量 单位：亿 m³

省级行政区	供水量				用水量					
	地表水	地下水	其他	供水总量	生活	工业	其中：直流火(核)电	农业	人工生态环境补水	用水总量
全 国	4792.3	892.5	128.1	5812.9	863.1	1030.4	470.3	3612.4	307.0	5812.9
北 京	15.1	13.5	12.0	40.6	17.2	3.0		3.2	17.2	40.6
天 津	19.2	3.0	5.6	27.8	6.6	4.5		10.3	6.4	27.8
河 北	84.8	88.2	9.8	182.8	27.0	18.2	0.2	107.7	29.9	182.8
山 西	39.5	27.7	5.5	72.8	14.6	12.4		41.0	4.8	72.8
内蒙古	105.7	81.6	7.1	194.4	11.6	13.4	0.1	140.0	29.4	194.4
辽 宁	72.9	50.8	5.7	129.3	25.4	16.9	0.2	79.6	7.4	129.3
吉 林	79.5	36.0	2.3	117.7	13.3	10.0	2.6	83.0	11.4	117.7
黑龙江	182.9	129.4	1.8	314.1	14.9	18.5	8.3	278.4	2.3	314.1
上 海	97.4	0.0	0.1	97.5	23.6	57.9	49.3	15.2	0.8	97.5
江 苏	556.0	4.3	11.7	572.0	63.7	236.9	195.9	266.6	4.8	572.0
浙 江	159.7	0.3	4.0	163.9	47.4	35.7	1.4	73.9	7.0	163.9
安 徽	233.8	28.7	5.8	268.3	35.1	80.4	46.3	144.5	8.3	268.3
福 建	177.8	3.4	1.8	183.0	33.0	41.1	12.1	99.7	9.3	183.0
江 西	235.8	6.0	2.3	244.1	28.8	50.4	22.0	161.9	3.2	244.1
山 东	135.7	75.0	11.9	222.5	37.5	31.9		134.0	19.1	222.5
河 南	120.8	105.8	10.6	237.1	43.1	35.6	0.9	123.5	35.0	237.1
湖 北	273.8	4.6	0.4	278.9	50.3	77.6	37.7	139.1	11.8	278.9
湖 南	297.9	4.8	2.4	305.1	44.4	58.0	37.4	195.8	6.9	305.1
广 东	390.4	11.1	3.6	405.1	107.9	80.4	31.7	210.4	6.0	405.1
广 西	249.8	9.1	2.2	261.1	35.4	34.7	19.7	186.9	4.1	261.1
海 南	42.6	1.1	0.3	44.0	8.0	1.5		33.4	1.1	44.0
重 庆	64.6	1.0	4.6	70.1	22.4	17.1	3.5	29.0	1.7	70.1
四 川	227.8	7.9	1.1	236.9	53.6	23.5		153.9	5.9	236.9
贵 州	87.1	2.0	1.0	90.1	18.0	18.7		51.8	1.7	90.1
云 南	149.9	3.8	2.3	156.0	25.1	16.5	0.5	110.0	4.4	156.0
西 藏	28.5	3.6	0.1	32.2	3.3	1.2		27.4	0.3	32.2
陕 西	55.7	30.9	4.0	90.6	18.9	10.9		55.6	5.2	90.6
甘 肃	82.1	23.6	4.2	109.9	9.3	6.2		83.7	10.7	109.9
青 海	18.9	4.8	0.5	24.3	3.0	2.4		17.7	1.1	24.3
宁 夏	63.6	6.1	0.5	70.2	3.7	4.2		58.6	3.7	70.2
新 疆	442.9	124.3	3.1	570.4	17.3	10.7	0.3	496.2	46.2	570.4

注 人工生态环境补水包括：向京津冀地区14条河流、7个湖泊累计实施生态补水 36.54 亿 m³；新疆塔里木河向大西海子以下河道输送生态水、向塔里木河沿线胡杨林生态供水、阿勒泰地区向乌伦古湖及科克苏湿地补水 27.23 亿 m³；内蒙古黑河生态补水 8.99 亿 m³。

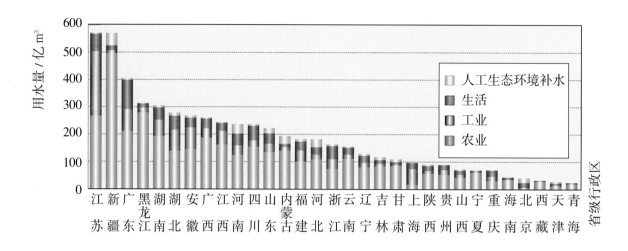

图 12　2020 年各省级行政区用水量组成图

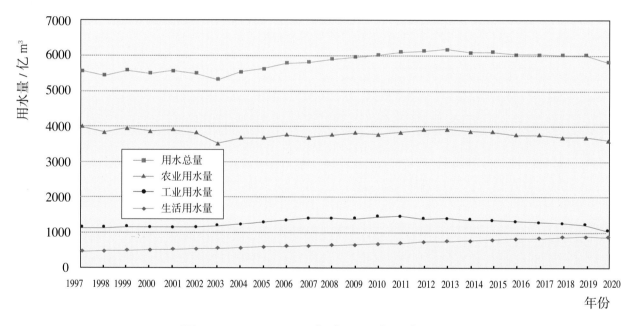

图 13　1997—2020 年全国用水量变化图

（三）耗水量

2020 年，全国耗水总量为 3141.7 亿 m³，耗水率为 54.0%。其中，农业耗水量为 2354.6 亿 m³，占耗水总量的 74.9%，耗水率为 65.2%；工业耗水量为 237.8 亿 m³，占耗水总量的 7.6%，耗水率为 23.1%；生活耗水量为 349.3 亿 m³，占耗水总量的 11.1%，耗水率为 40.5%；人工生态环境补水耗水量为 200.0 亿 m³，占耗水总量的 6.4%，耗水率为 65.2%。

（四）用水指标

2020 年，全国人均综合用水量为 412m³，万元国内生产总值（当年价）用水量为 57.2m³。耕地实际灌溉亩均用水量为 356m³，农田灌溉水有效利用系数为 0.565，万元工业增加值（当年价）用水量为 32.9m³，城镇人均生活用水量（含公共用水）为 207L/d，农村居民人均生活用水量为 100L/d。各水资源一级区、各省级行政区主要用水指标分别见表 10 和表 11。

根据《中国水资源公报》，1997 年以来用水效率明显提高，全国万元国内生产总值用水量和万元工业增加值用水量均呈显著下降趋势，耕地实际灌溉亩均用水量总体上呈缓慢下降趋势，人均综合用水量基本维持在 400 ~ 450m³ 之间。1997—2020 年全国主要用水指标变化见图 14。2020 年与 1997 年比较，耕地实际灌溉亩均用水量由 492m³ 下降到 356m³；万元国内生产总值用水量、万元工业增加值用水量 23 年间分别下降了 84%、87%（按可比价计算）。与 2015 年相比，万元国内生产总值用水量和万元工业增加值用水量分别下降 28.0% 和 39.6%（按可比价计算）。

表 10 2020 年各水资源一级区主要用水指标

水资源一级区	人均综合用水量 /m³	万元国内生产总值用水量 /m³	耕地实际灌溉亩均用水量 /m³	人均生活用水量 /(L/d)			万元工业增加值用水量 /m³
				城镇生活	城镇居民	农村居民	
全　国	412	57.2	356	207	134	100	32.9
松花江区	859	175.5	388	169	122	104	44.5
辽 河 区	369	62.9	283	183	122	112	21.7
海 河 区	247	34.7	170	138	91	84	15.7
黄 河 区	341	53.5	291	156	106	80	19.6
淮 河 区	294	43.1	217	157	110	82	16.9
长 江 区	427	53.2	399	249	157	108	52.9
其中：太湖流域	511	33.6	469	279	161	107	59.8
东南诸河区	328	33.0	459	242	139	120	21.0
珠 江 区	372	51.1	679	259	167	122	26.4
西南诸河区	478	114.1	429	240	132	85	41.8
西北诸河区	1962	361.1	522	211	148	125	24.5

注　1. 万元国内生产总值用水量和万元工业增加值用水量指标按当年价格计算。

2. 本表计算中所使用的人口数字为年平均人口数。

3. 本表中"人均生活用水量"中的"城镇生活"包括居民家庭生活用水和公共用水（含第三产业及建筑业等用水），"居民"仅包括居民家庭生活用水。

表 11　2020 年各省级行政区主要用水指标

省级行政区	人均综合用水量/m³	万元国内生产总值用水量/m³	耕地实际灌溉亩均用水量/m³	农田灌溉水有效利用系数	人均生活用水量/(L/d)			万元工业增加值用水量/m³
					城镇生活	城镇居民	农村居民	
全　国	412	57.2	356	0.565	207	134	100	32.9
北　京	185	11.2	119	0.750	221	135	128	7.1
天　津	201	19.8	230	0.720	143	94	67	10.7
河　北	245	50.5	157	0.675	163	119	56	15.7
山　西	208	41.2	171	0.551	137	99	78	18.4
内蒙古	807	112.0	256	0.564	149	109	98	24.2
辽　宁	303	51.5	401	0.592	185	123	106	21.3
吉　林	485	95.6	346	0.602	178	116	105	28.5
黑龙江	976	229.3	411	0.613	143	111	97	58.9
上　海	393	25.2	489	0.738	280	160	96	60.0
江　苏	675	55.7	423	0.616	245	159	101	62.8
浙　江	256	25.4	329	0.602	239	132	110	15.8
安　徽	440	69.4	236	0.551	204	141	94	68.9
福　建	441	41.7	637	0.557	257	146	133	26.1
江　西	540	95.0	598	0.515	226	157	98	56.3
山　东	220	30.4	160	0.646	118	82	74	13.8
河　南	239	43.1	164	0.617	160	116	70	20.0
湖　北	477	64.2	304	0.528	313	172	108	54.5
湖　南	459	73.0	484	0.541	228	145	121	46.9
广　东	323	36.6	730	0.514	273	168	133	20.7
广　西	522	117.8	764	0.509	252	185	127	66.5
海　南	440	79.6	749	0.572	276	186	131	28.6
重　庆	219	28.0	319	0.504	236	164	94	24.5
四　川	283	48.7	359	0.484	219	154	120	17.5
贵　州	234	50.5	307	0.486	174	119	78	40.5
云　南	331	63.6	373	0.492	206	132	87	30.3
西　藏	886	169.0	521	0.451	594	192	63	82.1
陕　西	229	34.6	260	0.579	156	97	90	12.3
甘　肃	439	121.9	425	0.570	137	97	63	27.3
青　海	411	80.8	442	0.501	183	107	79	31.0
宁　夏	977	179.1	643	0.551	181	100	70	32.7
新　疆	2218	413.4	547	0.570	225	162	138	29.5

注　1. 万元国内生产总值用水量和万元工业增加值用水量指标按当年价格计算。

　　2. 本表计算中所使用的人口数字为年平均人口数。

　　3. 本表中"人均生活用水量"中的"城镇生活"包括居民家庭生活用水和公共用水（含第三产业及建筑业等用水），"居民"仅包括居民家庭生活用水。

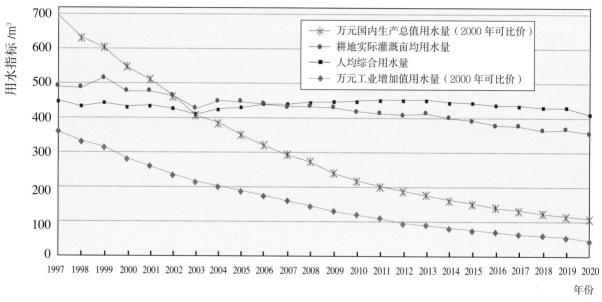

图 14 1997—2020 年全国主要用水指标变化图

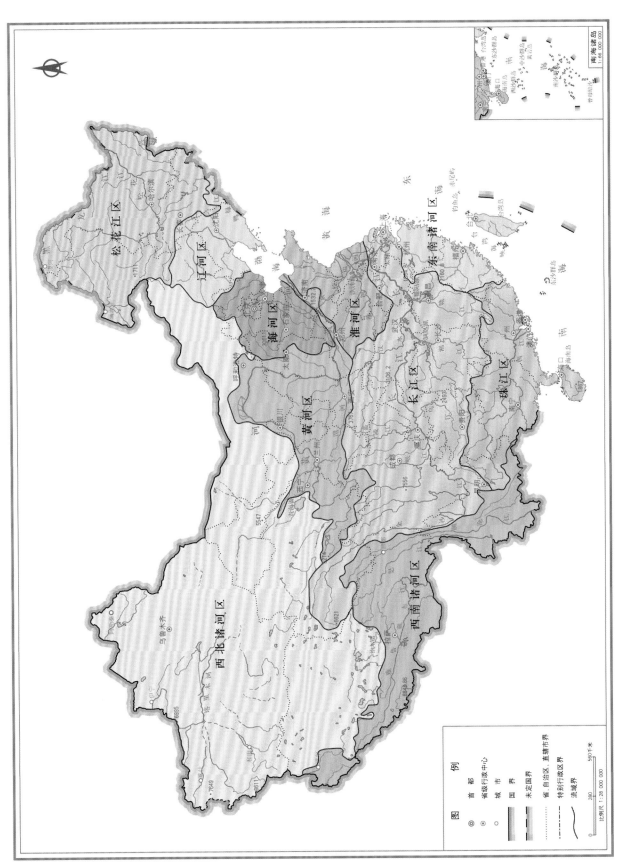

全国水资源一级区示意图